DEUX CAS

DE LUXATION

DE LA ROTULE

Luxation en dehors. — Luxation en haut,

Par le docteur **MAURICE.**

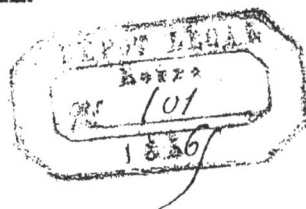

SAINT-ETIENNE,

Imprimerie et lithographie de J. Pichon, rue Brossard, 9.

1865

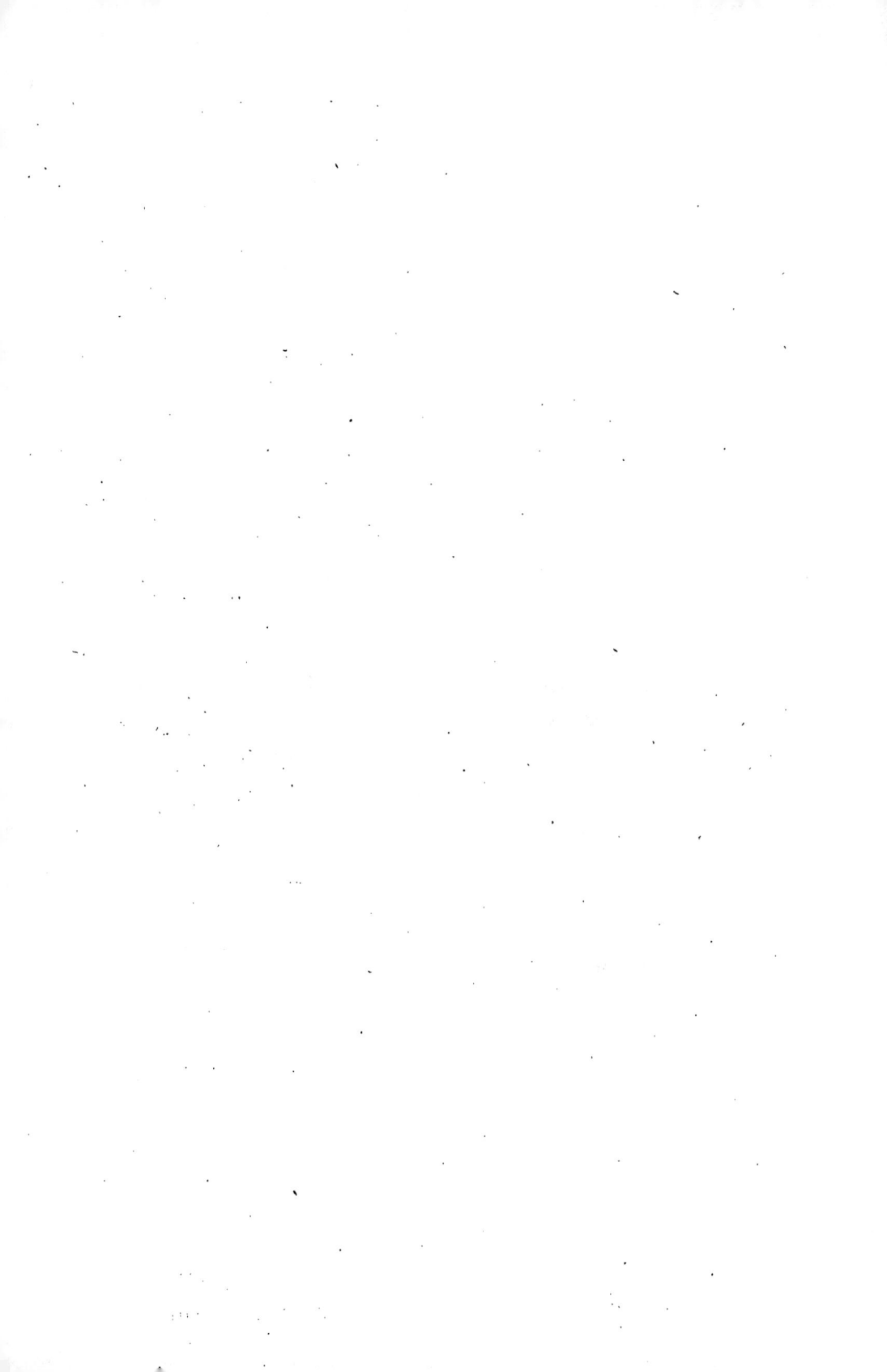

DEUX CAS DE LUXATION DE LA ROTULE

Luxation en dehors. — *Luxation en haut,*

Par le docteur MAURICE.

———✎———

Les luxations de la rotule sont, à ce qu'il
paraît, des faits assez rares, puisque d'après
A. Bérard, Boyer n'en a vu qu'un seul exemple,
Dupuytren un ou deux, Astley Cooper un seul
également ; un modeste praticien qui a eu la
même chance que ces grands chirurgiens, doit
donc être excusable de se croire suffisamment
autorisé par le seul motif de la rareté des faits,
pour venir dire quelques mots des siens au
public médical. Voici ces faits.

Luxation oblique en dehors.

Le 8 mars dernier, un nommé Mayer, domicilié
à Saint-Etienne, en rue des Chappes, 17, âgé
d'une trentaine d'années, exerçant la profession
dénommée, à Saint-Etienne, *pataire,* c'est-à-dire
marchand de *pates* ou chiffons, après des
libations un peu trop copieuses, se prit de querelle
avec deux autres de ses camarades, et en se
colletant avec eux, tomba par terre. En même
temps, il ressentit, au genou droit, une vive
douleur et ne put se relever. Il n'a pu dire,
plus tard, s'il avait oui ou non reçu un coup

sur cette partie. Comme la scène s'était passée dans sa chambre, il se fit mettre sur son lit et m'envoya chercher. En arrivant, je trouvai les choses dans l'état suivant : cet homme se plaignait d'éprouver une vive douleur à son genou droit, qu'il disait *démis,* tant à cause de cette douleur que de la difformité survenue. Le genou était effectivement déformé ; la place de la rotule était vide et une saillie très-prononcée au côté externe de l'articulation, indiquait que l'os déplacé se trouvait là. Je reconnus immédiatement une luxation de la rotule en dehors. Comme le pauvre blessé souffrait énormément, je ne perdis pas beaucoup de temps à faire des constatations qui ne l'auraient pas soulagé. Cependant, je pus faire rapidement les suivantes : La jambe était fléchie à demie ou au tiers; la gorge de la poulie fémorale me parut toute entière à nu, sous la peau. La saillie observée au côté externe de l'articulation, était disposée de telle sorte qu'elle semblait formée par le bord externe de la rotule dont la face antérieure regardait obliquement en avant et en dedans la face postérieure en arrière et en dehors, pendant que le bord interne devait arc-bouter quelque part.

Sans plus ample examen, je fis étendre, par un aide, la jambe horizontalement sur le matelas, et moi, me plaçant du côté gauche, j'appuyai fortement, avec la paume de la main droite, sur la saillie formée par la rotule de manière à faire exécuter à l'os un mouvement de bascule propre à relever son côté interne que je supposais retenu par un obstacle qui ne pouvait être autre que le rebord externe de la poulie fémorale et, par suite, à le dégager, en même temps que j'exerçais une pression de dehors en dedans. Par l'effet de ces manœuvres, au bout d'une demi-minute environ, je sentis sous ma main un brusque ressaut, et la rotule se trouva subitement ramenée à sa place. Immédiatement après, je fis exécuter assez rapidement, et sans douleur notable, plusieurs mouvements de flexion et d'extension, procédé que j'emploie après la réduction de toutes les luxations, et que je crois très-propre à rétablir dans leur position normale, les fragments de ligaments ou de capsule articulaire déchirés et flottants ; après cela, j'appliquai des compresses imbibées d'alcool camphré sur le genou, en même temps que je l'enveloppai solidement avec une cravate, dans le but de fixer la rotule. Enfin, je recommandai le repos au lit pendant dix à quinze jours.

Quelques jours après, je revis le blessé ; le genou allait parfaitement ; il n'y avait eu que très-peu d'enflure consécutive et la douleur était toujours allée en diminuant. Le 25 du mois, c'est-à-dire 17 jours après, étant allé voir Mayer, je ne le trouvai plus ; sa femme m'apprit qu'il aliait parfaitement et qu'il était sorti en prenant la précaution d'attacher son genou avec une cravate pour remplacer la genouillère élastique que je lui avait conseillée et qu'il n'avait pas encore reçue.

Après avoir réduit cette luxation, je n'eus rien de plus pressé, en rentrant chez moi, que de consulter les auteurs classiques pour comparer ce qu'ils en disaient avec ce que j'avais vu. L'article du Dictionnaire en 30 volumes, signé **A.** Bérard que je consultai sur les luxations de la rotule, semble n'admettre, avec **J.**-**L.** Petit, que deux genres de luxations accidentelles: celles en dehors et celles en dedans, et dans chacun de ces genres, trois espèces : la luxation complète, la luxation incomplète ou oblique et la luxation de champ. Les éléments de cet article, de l'aveu de l'auteur, étant emprun-tés, pour la plus grande partie, à un travail de **M.** Malgaigne, sur le même sujet, inséré dans la *Gazette médicale* de **1856**; j'aurais bien désiré pouvoir remonter à la source ; malheureusement, je n'ai pu me procurer le journal en question. En se basant exclusivement sur le caractère de la position occupée par la rotule au côté externe de l'articulation, avec la face antérieure regardant obliquement en dedans et en avant, il fallait évidemment conclure que j'avais eu affaire à l'espèce de luxation incomplète; seulement, le fait que j'avais eu sous les yeux, me semblait différer assez notablement de la description donnée comme type. Ainsi, chez mon blessé, le membre était dans la demie ou tiers flexion, tandis que d'après la description de Bérard, dans la luxation incomplète en dehors, le membre *est toujours dans l'extension*. De plus, il m'avait semblé, (car je dois avouer que je n'ai pas examiné avec assez d'attention pour avoir acquis une conviction entière à cet égard), il m'avait semblé, dis-je, que la poulie articulaire, chez lui, était à nu dans toute son étendue, en même temps que le bord interne de la rotule arc-boutait contre un obstacle que j'avais cru ne pouvoir être autre chose que le bord externe de la poulie articulaire; tandis que, dans la luxation incomplète, en dehors, on admet que la moitié interne seule de la poulie fémorale, peut se sentir sous la peau, la moitié externe étant encore en rapport avec la facette interne de la face postérieure de la rotule qui la recouvre; ce qui est évidemment très-différent de ce que j'avais cru voir. Cette dernière position de la rotule constituerait bien effectivement une vraie luxation incomplète; tandis que celle que j'avais cru observer, constituerait une luxation non pas incomplète mais bien complète, si, du moins, on entend par

luxation complète, celle dans laquelle les surfaces articulaires ont perdu complétement tout rapport de contact. La rotule, en effet, étant dans cette position, les surfaces articulaires respectives de cet os et du fémur, auraient cessé complétement de se toucher, ce qui constitue le caractère essentiel de la luxation complète.

Que conclure de cet examen comparatif? Une de ces deux choses forcément : ou bien que je me suis trompé dans mon appréciation des rapports de la rotule avec la poulie fémorale, dans le cas que j'ai eu sous les yeux, ou bien, au contraire, que ce sont les auteurs classiques avec les observateurs qui les ont précédés, qui se sont trompés eux-mêmes en confondant, sous le même nom, deux espèces de luxations différentes : la luxation incomplète vraie, et une variété de luxation complète très-distincte.

Le doute que je soulève ici, ne peut évidemment être éclairci d'une manière définitive que par des faits nouveaux, observés avec plus d'attention et un soin plus minutieux. Avis, donc, aux observateurs futurs.

En attendant que se produisent de nouvelles observations parfaitement concluantes, ce qui probablement n'arrivera pas de si tôt; qu'il me soit au moins permis d'examiner si des raisons théoriques tirées de la conformation des parties articulaires, ne nous autoriseraient pas, dès aujourd'hui à faire prévoir la solution la plus probable

Tout d'abord, à ce qu'il me semble, on peut énoncer en toute assurance la possibilité théorique de la variété de luxation complète que je prétends avoir observée. On ne voit effectivement rien qui puisse empêcher la rotule, soit d'être portée en totalité en dehors du rebord de la poulie articulaire, soit de se placer dans la position oblique décrite plus haut. Opposerait-on la briéveté du ligament capsulaire externe? Mais il est évident que s'il est trop court, ce qui serait à vérifier sur le cadavre, il peut être rompu tout aussi bien que celui du côté opposé. Une chose également évidente : c'est que la rotule, dans cette position anormale, arc-boutant contre le rebord externe très-saillant de la poulie fémorale, on s'expliquerait parfaitement sa fixité et la difficulté qu'on pourrait éprouver dans certains cas pour la faire sortir de là et la remettre en place.

En est-il de même pour la luxation dite incomplète? assurément que sa possibilité ne saurait être contestée.

Dans le cas où l'éminence verticale qui partage la face postérieure de la rotule en deux, se trouve dépasser le bord externe de la poulie articulaire,

on trouve en effet des conditions de fixité certainement suffisantes pour s'expliquer la persistance de la position anormale jusqu'au moment où interviennent les manœuvres du chirurgien pour réduire la luxation, mais aussi tout-à-fait insuffisantes pour présenter un obstacle un peu sérieux au succès de ces manœuvres. Les difficultés extraordinaires et même insurmontables qu'ont présentées, à la réduction, d'après les auteurs, certains cas de luxations en dehors, regardées comme des luxations incomplètes, me semblent tout-à-fait inexplicables avec ces conditions. Comment veut-on, en effet, que l'arête rotulienne si obtuse et encore rendue glissante par la synovie, puisse opposer une résistance un peu forte à l'effort qui tendra à la faire glisser par-dessus le rebord de la poulie? Cela me paraît inadmissible. **M. A.** Bérard dit bien, à la vérité, en parlant de ces difficultés: « M. Malgaigne rend
» parfaitement compte de cette circonstance
» par l'enclavement de l'angle interne de la
» rotule dans le creux sus-condylien. Qu'avec
» les pouces on cherche à porter l'angle interne
» de la rotule en arrière et en dedans, les efforts
» pourraient très-bien n'avoir d'autre résultat
» que d'enfoncer de plus en plus cet angle
» interne dans l'épaisseur du tissu adipeux qui
» remplit la dépression sus-condylienne, et alors,
» l'enclavement deviendra de plus en plus

» grand. » Après avoir lu cette phrase, ayant un fémur sous les yeux, je me suis demandé ce que c'était ce creux sus-condylien auquel on faisait jouer un rôle si important dans ce cas, et je n'ai pas été médiocrement étonné de voir, quelques pages plus haut, à l'article *anatomie de la rotule,* que ce n'était rien autre chose que la petite dépression qui se remarque au bas de la face antérieure du fémur, au-dessus de la poulie fémorale.

Est-il bien sérieusement admissible, qu'une telle dépression, d'ailleurs comblée par du tissu adipeux, élastique et recouvert par une synoviale glissante, puisse arrêter le bord mousse et glissant de la rotule ? Toujours avec le fémur sous les yeux, je réponds : non.

Dans la luxation incomplète véritable, il ne peut donc y avoir d'autre empêchement à la rentrée de la rotule dans la gorge de la poulie, que l'obstacle présenté par le rebord même de cette poulie arrêtant la crête saillante de la face postérieure de la rotule. Cet obstacle, d'après la théorie, étant très-faible, toutes les vraies luxations incomplètes doivent être faciles à réduire.

De cette discussion, je conclus en définitive qu'il est très-probable qu'on a confondu sous le nom de luxation incomplète en dehors, une variété de luxation complète différente de celle qui est généralement admise, variété à laquelle conviendrait parfaitement le nom d'*oblique* proposé par A. Bérard pour les luxations dites incomplètes.

Les caractères essentiels de cette *luxation en dehors complète* et *oblique,* seraient : poulie articulaire fémorale à nu dans toute son étendue ; bord externe de la rotule très-saillant en dehors ; bord interne arc-boutant contre le rebord externe de la poulie ; face antérieure oblique en avant et en dedans, face postérieure oblique en sens inverse ; jambe étendue ou à demi-fléchie indifféremment.

J'ajouterai encore ici que le procédé de réduction indiqué par Boyer pour les luxations incomplètes en dehors, savoir : « appliquer la partie supérieure de la paume de la main sur la rotule et presser fortement sur cet os *de devant en arrière* et de dehors en dedans, » est aussi le seul qui puisse être rationnellement conseillé pour la luxation complète et oblique ; c'est aussi celui que j'ai employé avec succès dans le cas dont j'ai donné l'histoire ; tandis que, dans la luxation, incomplète la théorie conseillerait peut-être comme plus rationnelle une manœuvre presque inverse, c'est-à-dire de *presser d'arrière en avant* sous le rebord externe de la rotule. En agissant ainsi, on tendrait effectivement à soulever la rotule et, par suite, à faciliter le passage de son arête médiane par-dessus le rebord externe de la poulie.

Luxation de la rotule en haut.

En donnant l'observation qui précède, l'occasion m'a semblé favorable pour faire connaître également, en quelques mots, un autre fait de luxation du même os, encore plus extraordinaire, que j'ai eu également la chance de rencontrer dans ma pratique, il y a une vingtaine d'années; c'est un cas de *luxation* directement *en haut* par suite de rupture du ligament rotulien.

Quoiqu'en disent quelques auteurs classiques, le motif que la luxation en haut est une simple conséquence de la rupture du ligament rotulien, ne me paraît pas suffisant pour rejeter cette espèce des cadres pathologiques; car, enfin, quelle qu'en soit la cause, le fait matériel du déplacement osseux qui constitue le caractère essentiel de la luxation, existe dans ce cas comme dans les autres. Voici le fait:

Un ouvrier mineur nommé Portafaix reçut dans une querelle un coup de couteau-poignard au-dessous de la rotule, à proximité du ligament rotulien. La plaie n'avait que deux ou trois centimètres environ. Sa direction était à peu près transversale à celle du ligament. Comme la rotule était bien en place, je ne soupçonnai pas ce qui, probablement, devait exister : c'est-à-dire, qu'une partie du tendon avait dû être tranchée par la lame de l'instrument. L'issue d'un liquide onctueux comme la synovie ne me laissa guère de doute que la plaie ne fût pénétrante de l'articulation du genou. En conséquence, je rapprochai avec soin les lèvres de la plaie et prescrivis des sangsues, des cataplasmes émolients, des boissons délayantes, la diète et, surtout, le repos absolu. La réaction inflammatoire fut assez modérée. Bref, au bout d'une quinzaine de jours de traitement, le blessé était à peu près complétement guéri, et je cessai de le voir.

Quelque temps après, il changea de demeure, en se gardant bien de m'en instruire et je le perdis de vue complétement. Deux ou trois ans après, ayant par hasard trouvé son domicile du moment, j'en profitai pour aller lui réclamer mes honoraires qu'il avait oublié de venir me payer.

A cette réclamation il répondit effrontément : qu'il ne me devait rien, attendu que je l'avais fort mal traité et que j'étais cause qu'il était estropié. Fort étonné, non de la réponse en elle-même, mais de l'étrange assertion par laquelle il la motivait, je le sommai en quelque sorte de la justifier en me montrant comme quoi il était estropié. Alors, sans hésiter, il découvrit

son genou pour me le montrer. A ma grande
surprise, je vis tous les signes d'une luxation
complète de la rotule en haut. Cet os était
remonté à plusieurs centimètres au-dessus de
l'articulation, laissant la poulie fémorale complétement à nu. Interrogé sur l'époque à laquelle s'é-
tait produit le déplacement, Portafaix ne put me
répondre d'une manière satisfaisante; toutefois,
il me parut probable que cela avait dû arriver
dans les premiers temps qui avaient suivi la
guérison; puisque dans son esprit, il rattachait
cet accident au traitement; dès lors, il me
fut facile de trouver l'explication de la luxation. Le coup de poignard avait dû trancher une
partie notable du ligament rotulien, par suite
les fibres restées intactes, encore suffisantes pour
maintenir la rotule en place, tant que le blessé
n'avait pas eu à faire de grands efforts muscu-
laires, s'étaient rompues dès les premières occa-
sions qu'il avait eu d'imprimer au triceps fémoral
de très-fortes contractions, c'est-à-dire, probablement, lorsqu'il avait voulu reprendre son
travail; car vivant au jour le jour, sans autre
ressource que son salaire quotidien, il n'avait
pas dû, certainement, garder le repos un temps
suffisant pour permettre à la cicatrice du tendon
divisé de se consolider complétement.

Quoi qu'il en soit de cette explication, la
luxation chez Portafaix n'était plus qu'une infir-

mité, irrémédiable, il est vrai, mais beaucoup moins grave dans ses conséquences que je ne me le serais figuré. Non-seulement il pouvait étendre sa jambe, se tenir debout et marcher, mais encore il avait pu continuer à exercer sa profession de piqueur de charbon qui le faisait vivre. La seule précaution qu'il prit, était d'attacher fortement, avec une cravate, son genou affaibli.

Le précepte de pratique à tirer de cet exemple, bien que très-évident, ne perdra rien, je pense, à être explicitement formulé ici.

Toutes les fois que dans les plaies du genou, on aura lieu de soupçonner une solution de continuité partielle du ligament rotulien, il sera prudent, pour en prévenir la rupture ultérieure, d'imposer au blessé un repos prolongé (trois ou quatre mois environ), afin de permettre à la cicatrice du tissu fibreux d'acquérir toute la solidité dont elle est susceptible pour résister efficacement aux efforts d'un muscle aussi puissant que le triceps fémoral ; ce n'est pas trop pour le ligament rotulien de toutes les forces dont la nature l'a sagement doté.